BEI GRIN MACHT SICH IHR WISSEN BEZAHLT

- Wir veröffentlichen Ihre Hausarbeit,
  Bachelor- und Masterarbeit

- Ihr eigenes eBook und Buch -
  weltweit in allen wichtigen Shops

- Verdienen Sie an jedem Verkauf

Jetzt bei www.GRIN.com hochladen
und kostenlos publizieren

Impressum:

Copyright © 2017 GRIN Verlag
Druck und Bindung: Books on Demand GmbH, Norderstedt Germany
ISBN: 9783668664692

Lucinda Henkel

Die Auswirkungen der Gletscherschmelze und des schwindender Permafrostboden auf die Wirtschaft und Umwelt im Gebiet der Hohen Tauern

Das Hochgebirge im Klimawandel

GRIN Verlag

Inhaltsverzeichnis

1. Einleitung

„Die Gebirge sind stumme Meister und machen schweigsame Schüler"[1]. So schrieb schon J.W. Goethe über die innige Naturverbundenheit der Menschen mit den markanten Bergen. Diese wirken durch ihren ästhetischen Reiz von strahlendem Gletschereis und grünen Wiesen wie ein Magnet für Touristen. Doch leider hinterlassen die zunehmenden klimatischen Probleme der Erde, wie etwa der Klimawandel besonders ihre Spuren an den Gletschern und den Permafrostböden. Somit schwindet der reizvolle Anblick schnell, wenn man viel Schutt und Blankeis anstatt Eis und Firn zu sehen bekommt. Das Ziel der Arbeit ist es unter Einbezug der klimatischen Veränderungen fest zustellen in welchem Ausmaß die Gletscherschmelze im Gebiet der Hohen Tauern in Österreich statt findet aber auch welche Auswirkungen der auftauende Permafrostboden für die Umwelt und die Wirtschaft hat. Dabei werden Naturgefahrenpotentiale, Veränderungen der Weginfrastruktur und Setzungserscheinungen an Bauwerken genauer betrachtet. Ein weiterer wichtiger Gesichtspunkt der Arbeit ist es auch das Schmelzwasser von Gletschern als bedeutende Ressource für den Menschen, die Landwirtschaft und als Produktionsfaktor zu betrachten. Hierbei werden sowohl klimatische Veränderungen als auch nennenswerte Maßnahmen zum Schutz zur Erwähnung gezogen.

2. Grundlagen

2. 1 Definition Klimawandel

Zu allererst wird der Begriff „Klimawandel" genauer erläutert, da explizit differenziert werden muss. Der Klimawandel bezieht sich allgemein auf „jegliche langfristige Veränderung des Klimas, egal ob sie natürlich oder anthropogen verursacht ist"[2]. Der rezente Klimawandel zählt zu den natürlichen Klimaschwankungen auch die Ausmaße der anthropogenen Einflüsse dazu. Häufig wird der Klimawandel mit der globalen Erwärmung gleichgesetzt. Dies ist aber inkorrekt, da sich die globale Erwärmung nur auf durch Menschen verursachte Klimaveränderungen bezieht und der Klimawandel auch natürliche Schwankungen inkludiert[3]. Im weiteren Verlauf der Arbeit werden nun unter Einbezug der klimatischen Grundkenntnisse Auswirkungen durch sowohl natürliche als auch anthropogene Klimaschwankungen genauer betrachtet.

---

[1] Goethe, W., II., 9
[2] Florian, B., 2009, S. 3f
[3] vgl. Büttner, Dimpfl, Eckert-Schweins, Raczkowsky, 2009, S. 209

2. 2 Themenverortung Hohe Tauern

Der Nationalpark Hohe Tauern, mit Gebietsanteilen in den Bundesländern Kärnten, Salzburg und Tirol, ist der erste Nationalpark Österreichs (1981) und gleichzeitig der größte Mitteleuropas beziehungsweise des gesamten Alpenraums. Auf seinen 1800 km^2 liegen sowohl 342 Gletscher als auch 551 Bergseen. Insgesamt erstreckt sich der Nationalpark von rund 1000 m Seehöhe bis hinauf zu 3798 m (Großglockner). Durch das variierende Klima in den unterschiedlichen Höhenstufen, bietet es der Vegetation und der artenreichen Tierwelt eine besondere Ausformung. Das zentrale Schutzgebiet der Kernzone ist ein Rückzugsort für rund 10000 diverse Tierarten. Unter diesen befinden sich auch die „großen Fünf", wie etwa der Steinadler oder das Murmeltier[1].

2. 2. 1 Allgemeiner Ausblick auf die Gletscherschmelze

Da einige Hochgebietsregionen in den Hohen Tauern vergletschert sind, bieten sie somit die besten Voraussetzungen, um glaziologische Forschungen, speziell für Analysen der Auswirkungen des Klimawandel zu betreiben. Ein grundsätzlicher Fakt ist, dass die gesamtalpine Gletscherfläche im Zeitraum zwischen 1850 und 2000 von ca. 4470 km^2 auf 2270 km^2 geschrumpft ist und somit fast 50% ihrer Gesamtfläche verloren hat [5]. Der wesentliche Hauptgrund für den Rückgang der Gletscher ist die Klimaerwärmung, die durch den anthropogenen Treibhauseffekt verstärkt wird. Die Ausdehnung der Gletscher wird durch den Eiszuwachs (Akkumulation) und die Abschmelzung (Ablation) beeinflusst; zusammenhängend spricht man dann von einer Massenbilanz. Beim Gletscherrückgang ist die Akkumulation im Nährgebiet geringer als die Ablation im Zehrgebiet. Entscheidend für die Massenbilanz sind auch andere klimatische Verhältnisse, wie Wind und Schneefälle im Sommer[6].

2. 2. 2 Beispiel der Gletscher an der Pasterze und dem Goldbergkees

Am Beispiel der Pasterze, des größten Gletschers Österreichs, welcher sich am Fuße des Großglockners befindet, werden nun Veränderungen der Vergletscherung im Laufe der Zeit aufgeführt und erläutert. Dokumentiert werden die Gletscherausdehnungen, die sich in Längen- und Flächenänderung, Volumen, bzw. Massenbilanz und Fließgeschwindigkeit untergliedern

---

[4] vgl. http://www.hohetauern.at/de/
[5] vgl. Haeberli, W., Maisch, M., 2007, S. 98- 107
[6] vgl. Sulzer, W., Lieb, G.K., 2009, S. 372

lassen. Da die Pasterze als besonders gut erforschter Gletscher gilt, gibt es schon seit 1879 dokumentierte Berichte über die Gletscherschwankungen [7]. „Die wichtigste (...) Aussage ist, dass die Pasterze sich über den gesamten Zeitraum hin praktisch ununterbrochen verkleinerte"[8].

Anhand der Längenänderung zeigt sich dies am ausschlaggebendsten: Im Jahr 1852 hatte sie eine Länge von 11,4 km und im Jahr 2002 nur noch eine von 8,4 km. Resultierend verlor die Pasterze 3 km ihrer Länge. Ebenso nahm sie im selben Zeitraum an 8 km^2 Fläche ab und verlor von 3,5 km^3 zu 1,8 km^3 resultierend 1,7 km^3 an Volumen[9]. Auch die Höhenänderungen weisen ein Einsinken der Gletscheroberfläche auf da diese viele negative Werte zeigen. Sehr gravierend fällt auch der Zeitraum von 2010 bis 2011 auf: Die Gletscherzunge ging um weitere 40,3 m zurück, die Oberfläche des Eises sank um 4,4 m ein und „die Fließgeschwindigkeit hat sich um 0,8 m/Jahr verlangsamt" [10].

Auch enorm zeigt sich der Gletscherschwund am Goldbergkees, welches zur Goldberggruppe zugehörig ist. Anhand der Längenänderung lässt sich feststellen, dass der Gletscherrückzug des Goldbergkees im frühen 19. Jahrhundert keineswegs gleichmäßig verlief. Das an der Pinzgau-Kärnter Grenze gelegene Goldbergkees weist drei enorme Rückzugsphasen mit gravierenden Längenverlusten zwischen 10 und 20 Metern auf. Diese waren im Zeitraum „von 1850-1880, den 1930er bis 1950er Jahren und in den Jahrzehnten seit 1980"[11]. Um 1980 spricht man dann vom „anthropogenen" Klimawandel, der auch am Goldbergkees seine Spuren hinterließ. Denn das Kees zog sich erneut um 200 m zurück (Stand 2008). Insgesamt kann man sagen, dass „die Vergletscherung der Goldberggruppe (...) von 1850 bis 1992 von 34,1 auf 8,4 km^2 zurückgegangen (ist), also auf rund 25%"[12].

Auch kann man an der Abbildung erkennen, dass das Volumen des Goldbergkees von 1871 bis 2003 von 264 auf 57 Millionen m³ zurückgegangen ist. Besonders gravierend zeigt sich der Rückgang der mittleren Eisdicke im Jahr 2003 weil das Eis an seiner mächtigsten stelle nur noch 160m tief war[13].

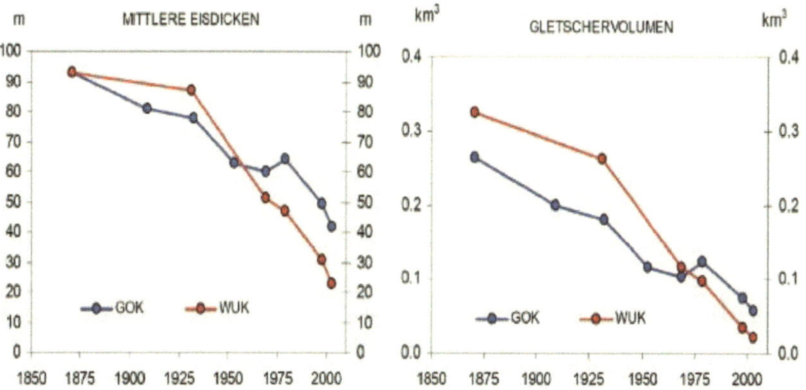

Abbildung 1

Auch die neusten Messberichte sagen aus, dass das Kees um -10,5 m zurück schmolz, deutlich mehr als in den Vorjahren (2015: -8,0 m; 2014: -3,0 m) [14].

Als letztes wird anhand der geographischen Lage des Goldbergkees und des Wurtenkees, das auch zur Goldberggruppe dazu gehörig ist nachgewiesen in wie fern sich die Sommer- und Wintermonate auf den Massenhaushalt auswirken. Der Sommer hat einen weitaus größeren Einfluss auf den Massenhaushalt eines Gletschers als der Winter. Denn der Schneefall im Sommer schützt den Gletscher vor den Sonneneinstrahlungen und reduziert die Schmelzrate deutlich. Da das Wurtenkees südlicher gelegen ist und somit von geringeren Niederschlagsmengen betroffen ist, schmilzt es „schneller" ab als das nördlichere Goldbergkees[25].

---

[7] vgl. Suzer, W., Lieb, G.K., 2009, 373-376
[8] Sulzer, W., Lieb, G. K., 2009, S. 375
[9] vgl. Lieb, G.K., Slupetzky, H., 2004, S.122
[10] Wolfgang, A., 2010/2011
[11] Auer, I., Böhm, R., S. 39f
[12] Auer, I., Böhm, R., S. 42
[13] vgl. Auer, I., Böhm, R., S. 43

[14] vgl. Fischer, A., 2015/2016, S. 24
[15] vgl. http://othes.univie.ac.at/8637/1/2010-02-26_0301845.pdf, S. 35
[16] Krainer, K., 2007, S. 1
[17] vgl. French, H. W., 1996, 341p.

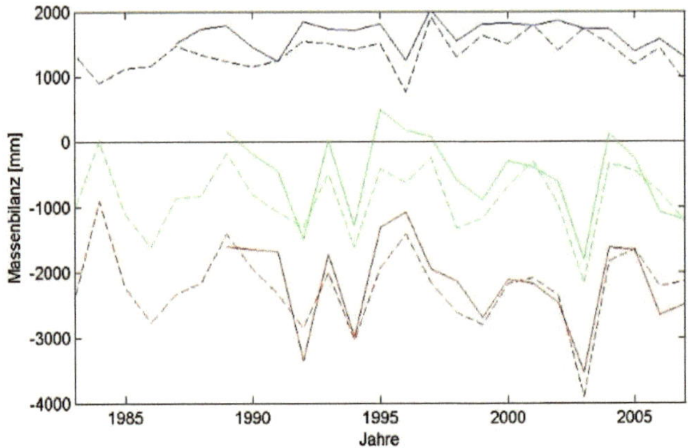

Abbildung 2.4.: Vergleich der Massenbilanzen von Goldbergkees (durchgezogene Linie)
und Wurtenkees (strichliert). Winterbilanz blau, Sommerbilanz rot und
Jahresbilanz grün.

3. Folgen für Wirtschaft und Umwelt durch auftauenden Permafrost

3. 1 Verschiebung der Permafrostgrenze

Wie man anhand der Messergebnisse des Gletscherschwunds deutlich erkennen konnte, reagiert das Eis, wobei neben dem Gletschereis auch das Eis des Permafrosts dazu zählt, sehr rasch auf Klimaänderungen. „Gletscher und Permafrost sind daher auch ausgezeichnete Klimaindikatoren"[16]. Als Permafrost firmiert Gestein oder Lockermaterial, welches unter der Erdoberfläche zumindest über zwei Jahre hindurch gefroren bleibt, also Temperaturen unter 0 °C aufweist[17]. Bei einer Jahresmitteltemperatur von 0 °C bis -1 °C tritt der Permafrost diskontinuierlich auf, bei Temperaturen von ca. -6 °C bis -8 °C kontinuierlich. Der diskontinuierliche Permafrost tritt ca. bei der Waldgrenze (2000 m) auf und kontinuierlicher Permafrost ab einer Grenze von ca. 3000 m [18]. Zum Oberbegriff Permafrost werden Gletscher jedoch nicht dazu gezählt. Der Prozess des Permafrost Abbaus durch seine Erwärmung über 0 °C wird als Permafrostdegration bezeichnet. Im Gegensatz zum Gletscherschwund, der „die auffälligste klimawandelbedingte Landschaftsveränderung im Hochgebirge"[19] aufweist, sind

---

[18] vgl. Krainer, K., 2007, S. 3

Veränderungen des Permafrosts nicht augenscheinlich, da dieser an der Oberfläche nicht direkt sichtbar ist. Jedoch ziehen diese Verluste gravierende und langfristige Folgen mit sich. Ebenso liegt die Reaktionszeit auf klimatische Veränderungen im Bereich von Jahrzehnten bis Jahrhunderten, welche in den letzten 150 Jahren stattfanden hat[20]. Diese enorm verzögerte Reaktion verglichen mit Gletschern, findet aber in einer Tiefe von mehreren Dekametern statt[21]. „Permafrost ist also ausschließlich auf der Basis von Temperatur und Zeit definiert"[22]. Wenn die Auswirkungen der Erwärmung auf die Stabilität der Felswände bezogen wird, muss man zwischen Folgen einer langfristigen (saisonalen) Erhöhung der Durchschnittstemperatur und kurzfristigen (täglichen) Temperaturschwankungen distinguieren. Somit dringen tägliche Schwankungen bis in Dezimetertiefe in die Felsen. Frostsprengungsprozesse können damit unabhängig von vorhandenem Permafrost Steinschläge auslösen. Währenddessen saisonale Temperaturschwankungen metertief in die Felsen eindringen und in Extremjahren mit Hitzewellen die äußersten Bereiche des Permafrosts erwärmen können[21].

(Abbildung 3)

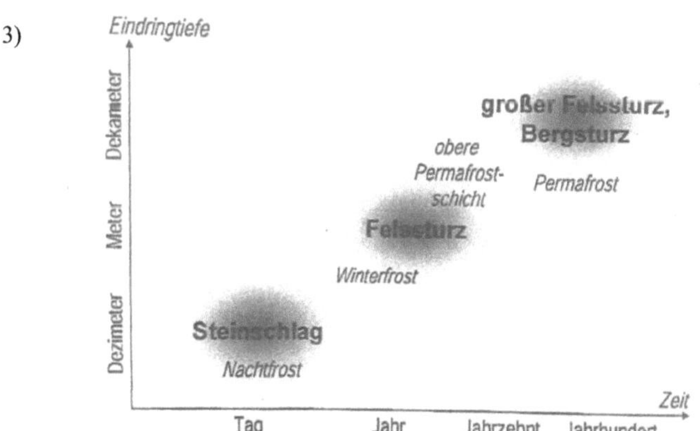

Abb. 9: Raum-zeitliche Skalenbereiche von Temperaturänderungen im Fels, betroffene Frostphänomene und mögliche davon ausgelöste Sturzereignisse (Quelle: verändert nach Nötzli u. a. 2004, 12)

3. 2 Wachsende Instabilität des Untergrunds

Eine Erwärmung in solchen Permafrostregionen kann durch das immer mehr zunehmende Schmelzen des Permafrosteises zu einer Instabilität des Untergrunds beitragen[23].[1]

Denn wenn Schmelzwasser in Gesteinsklüfte eindringt, vergrößert das Wasser beim Gefrieren sein Volumen und übt damit auf den Felsen einen enormen Druck aus. Diese sogenannten Frostsprengungsprozesse führen zu einer Destabilisierung von Felsen. Die Permafrostdegration kann eben sowohl bei Festgesteinen, wie Felswände, als auch bei Lockermaterial, wie Hangschutt, eine negative Hangstabilität hervorrufen. Doch nicht nur Einzelereignisse wie etwa Steinschläge können durch die Degradierung zustande kommen, sondern auch langwierigen Destabilisierungen von Bergflanken. Die daraus resultierenden Problematiken sind Massenbewegungen, die Fels- oder Eismassen betreffen können und über mehrere Jahre andauern[24]. Als Massenbewegung bezeichnet man den Prozess, wenn „große Volumina lockeren Gesteins auf steilen Flanken über große Höhenunterschiede in kurzer Zeit abtransportiert (...) werden"[20].

3. 2. 1 Steigende Gefahr von Murenabgängen

Auch die Permafrostdegartion kann zu einem erhöhten Potential für Murengänge und Hangrutschungen beitragen. Denn beim Auftauen verliert Schutt der durch das Eis im Permafrost gebunden wird seinen Zusammenhalt. Eine Mure besteht aus zähflüssigen Massen von Wasser, Schutt und anderen verschiedenen festen Materialien. Oft können diese neben Erde auch Hölzer und Gesteinsschutt aufnehmen und mit ins Tal reißen. Die Schlammlawinen werden meist in den Sommermonaten und durch starke Niederschläge ausgelöst. Dieser Prozess wird auch vom Klimawandel gefördert da bei größerer Häufigkeit und/ oder Intensität von Niederschlägen mehr Murenabgänge mit größerer Reichweite zu erwarten sind[25]. So ereignete sich auch am 31. Juli 2014 im Oberpinzgau und Salzburger Land ein Szenario dieses gleichen

---

[19] Braun, F., 2009, S. 4
[20] vgl. Braun, F., 2009, S. 4
[21] vgl. Braun, F., 2009, S. 22
[22] Krainer, K., 2007, S. 3
[23] vgl. Krainer, K., 2007, S. 2

[24] vgl. Braun, F., 2009, S. 22
[25] vgl. Lieb, G. K., 1996, S. 37
[26] vgl. https://www.bmlfuw.gv.at/wasser/wasser-oesterreich/wasserkreislauf/hydrograph_charakt_extrema/20140801hwbericht.html

. Besonders stark betroffen war der Siedlungsraum im Gemeindegebiet von Neukirchen am Großvenediger. Exemplarisch soll das Beispiel der Massenbewegung am Sattelkar im hinteren Einzugsgebiet vorgestellt werden. Der Auslöser für den Starkregen war ein Tiefdruckkeil der sich von Skandinavien bis zu den Alpen erstreckte [26]. Der Obersulzbach wird von 9 Gletschern gespeist. Der größte davon ist das Obersulzbachkees mit seinem rund 11 km^2 großen Einzugsgebiet. Durch die

hochwasserführenden Bäche und Muren wurden 150000 Kubikmeter Geröll in das Tal gewälzt, welche sich zu 15 m auftürmten[27].[1]

Jedoch ist das Obersulzbachtal das mit Abstand gefährlichste Seitental der Salzach im Pinzgau und für die im Hauttal lebende Bevölkerung eine tickende Zeitbombe. Ganze 6 km verwüstete der Sulzbach, begrub etliche Kühe, trug dazu bei, dass mehrere Straßen und Wege unpassierbar waren und zerstörte auch teilweise die Pinzgaubahn. Die hinterbliebenen Schäden betrugen rund 2 Mio. Euro[28]. Schon kurz nach dem Hochwasser plante man insgesamt vier neue Murensperren im Obersulzbach und in der Krimmler Ache bei Vorderkrimmel zu errichten da diese die wasserreichsten Zubringer der Salzach im Pinzgau sind. Bereits vor über 100 Jahren wurde mit der Umsetzung erster Schutzmaßnahmen begonnen. Diese trugen dazu bei, dass ein veritabler Schutzgrad im vor raus erzielt werden konnte.

Begonnen wird mit der neuen Blauseesperre im Obersulzbachtal. Schon 1893 wurde einst eine Sperre errichtet aber die Standfestigkeit der alten Sperre sei auf Dauer nicht mehr gewährleistet. Dieses Projekt ist eines der geplanten Baumaßnahmen der Wildbach- und Lawinenverbauung Land Salzburg. Im Zeitraum 2015- 2107 bei einem Bauvolumen von 3,2 Mio. Euro wird nun die 24 m hohe und 100 m breite Sperre etwa 100 m flussabwärts auf stabilem Untergrund errichtet. Über dies sind weitere Sicherheitsmaßnahmen am Schwemmkegelgerinne erforderlich um die möglichen zu erwartenden Hochwassermengen nun schadlos ableiten zu können. Für den Überlastfall sind auch zusätzliche Dammsysteme zum Schutz des Siedlungsraums vorgesehen. Im weiteren Schritt ist im Rahmen eines Folgeprojekts die Schaffung zusätzlicher Ablagerungsräume im Oberlauf vorgesehen. Im Zuge der geplanten Wildbachverbauung sollen auch die Blauseequellen die zu den bedeutendsten Trinkwasservorkommen im Oberpinzgau zählen einen verbesserten Schutz erfahren. Denn beim Hochwasser kam es zu einem Rückstau im Blausee wodurch Fremdwasser in das Ableitungssystem einzudringen drohte. Um diese Situation zu verbessern, soll ausgehend vom Blausee ein Bypass errichtet werden um im Hochwasserfall eine Entlastung des Blausees

---

[27] vgl. Informationsschild: Schutzprojekt Obersulzbach 2014, Neukirchen am Großvenediger
[28] vgl. Berichte von Anwohnern in der Marktgemeinde Neukirchen am Großvenediger

sicherstellen zu können[27].

3. 2. 2 Veränderte Weginfrastruktur

Doch nicht nur Naturgefahren im klassischen Sinn wie etwa zunehmende Häufigkeit von Murenabgängen werden aufgrund der Permafrostdegration häufiger, es muss auch die Veränderung der Begehbarkeit eines Geländes in Betracht gezogen werden. Hierbei beziehen sich die Veränderungen auf den Geländezustand entlang von Wegen und Routen. Direkt betroffen „sind hingegen ausschließlich die NutzerInnen und WegehalterInnen des hochalpinen Routen- und Wegenetzes"[29]. Im alpinen Gelände werden Wege bzw. Wegenetze ausschließlich als gewartete und mit Markierungen versehene Wander- oder Bergwege bezeichnet. Jedoch können diese Wege sich von unterschiedlicher Breite und Qualität distinguieren[30]. Routenverhältnisse können sich durch Ausaperungen und Veränderungen der Gletscheroberfläche zunehmend verbessern aber auch gleichzeitig verschlechtern und werden je nach NutzerInnengruppe positiv oder negativ aufgefasst. So kann beispielsweise bei großflächigen Ausaperungen von Gletscherrouten negativ der Verlust einer Route wahrgenommen werden aber auch positiv die Chance zur Errichtung eines neuen Weges[31]. Doch Massenbewegungen sind unabhängig von klimatischen Veränderungen charakteristische Prozesse für das Hochgebirge. Sie werden erst durch „die Anwesenheit des Menschen oder Errichtung von Infrastruktur in gefährdeten Räumen (...) zu Naturgefahren"[29]. Jedoch nur schnelle und große Massenbewegungen werden für hochalpine Wege und Routen als Bedrohung relevant. Tiefer gelegenes Gelände kann beispielsweise durch Hangrutschungen und Schlammlawinen zerstört werden und im schlimmsten Fall auch BergsteigerInnen zur Bedrohung werden. Hierbei muss zwischen der Gefährdung von Einzelpersonen und von der Weginfrastruktur differenziert werden. Da die Eintrittswahrscheinlichkeit für einen Personenschaden durch Einzelereignisse aber deutlich geringer ist, wirken sich die Geschehnisse hauptsächlich auf die Weginfrastruktur aus, welche somit die NutzerInnen nur indirekt betreffen[32]. Das Potential für ein Eintreffen dieser Ereignisse kann durch Prozesse – beispielsweise durch Ausaperung instabiler Felsen erhöht werden. Bei instabilen Felspartien resultiert für die BergsteigerInnen daraus eine erhöhte Gefährdung durch Steinschlag und unpassierbare Wege. „Auch Eistouren werden durch zunehmenden Steinschlag aufgrund ausapernder Felsen stark beeinträchtigt"[33].[1] Dies führt dazu, dass viele klassische Eistouren zum

---

[29] Braun, F., 2009, S. 20
[30] vgl. Braun, F., 2009, S. 2
[31] vgl. Braun, F., 2009, S. 5
[32] vgl. Braun, F., 2009, S. 23

Teil gar nicht mehr oder nur im Frühsommer passierbar sind. Durch den Klimawandel bedingt apern auch Firnfelder und Firnrinnen aus, die abseits von Gletschern und auf Wanderwegen im Hochgebirge anzutreffen sind. Als Firn bezeichnet man körnigen Schnee, der mindestens ein Jahr alt ist und damit eine sommerliche Schmelzperiode überlebt hat. Ebenso betrifft das Ausapern von Steinen am Gletscher genauso wie die Steinschlaggefahr durch instabile Felsen vor allem Eistouren, Schartenzustiege und steile Firnrinnen[34].[1] Jedoch können weitere Parameter für eintretende Ereignisse künftiger Gefahrenpotentiale wie die Beschaffenheit des Gletscheruntergrunds, nur geschätzt werden, da eine aktuelle Verbreitung des Permafrosts nicht einfach festzustellen ist. Dies bedeutet, dass es nicht überall absehbar sein wird, an „welchen Stellen im Routen- und Wegenetz es wann zu Problemen kommen wird"[35]. Auch die beiden Alpenvereine (Österreichischer- und Deutscher Alpenverein), die eine der wichtigsten Wegehalter in alpinen und hochalpinen Raum sind, weisen darauf hin, dass vermehrt Probleme im Bereich der Wegerhaltung auftreten. Auch in den letzten Jahren mussten beispielsweise Wege der Venedigergruppe und der Glocknergruppe saniert und verlegt werden[36]. Insgesamt halten die Alpenvereine rund 40000 km Wanderwege in den österreichischen Alpen in Stande, „was ungefähr 45 % des gesamten österreichischen Wanderwegnetzes (inkl. Außeralpiner Gebiete) betrifft"[37]. Auch die Schwierigkeit die Kosten für die Erhaltungsmaßnahmen zu stemmen steigt immer mehr an. Außerdem fallen vermehrt unvorhersehbare Kosten nach Naturereignissen an [36]. So werden jährlich rund 1,4 bis 2 Mio. Euro in die Wegenetze investiert [37]. „Da die Wegerhaltung föderal über die einzelnen Sektionen organisiert ist"[38] fehlen ausreichende Informationen um eine konkrete Anzahl von derzeit betroffenen Wegen festlegen zu können. Ebenso führt die sinkende Bereitschaft von ehrenamtlichen Helfern zu steigenden Schwierigkeiten[38].

3. 2. 3 Instabilität von Bauwerken

Auch führte das Auftauen des Permafrosteis vermehrt zur Destabilisierung von Schutzhütten und Seilbahnen mit resultierenden Setzungserscheinungen[39]. ExpertenInnen halten aber erst nach langjährigen Überwachungen einen konkreten Aufschluss möglich, in wie fern die Veränderungen des Permafrosts eine Rolle für hochalpine Bauten spielen. Allerdings zeigten

---

[33] Braun, F., 2009, S. 21
[34] vgl. Braun, F., 2009, S. 21
[35] Braun, F., 2009, S.5f
[36] vgl. Braun, F., 2009, S. 6
[37] Braun, F., 2009, S. 2
[38] Braun, F., 2009, S. 6
[39] vgl. Krainer, K., 2007, S. 14

sich schon erste Probleme bei Seilbahnen, die sich im alpinen Raum befinden. Denn die Fundamente der Seilbahnen und –Stationen werden vom Permafrost gehalten. Als Ursache der Klimaerwärmung können durch den auftauenden Permafrostboden in den Sommerperioden die Verankerungen durch Setzungen und Verschiebungen ihre Stabilität verlieren. Auch die erhöhten Sanierungskosten tragen zu ökonomischen Folgen bei. So liegen 32 von 95 Haupt- und Kleinseilbahnen in ganz Österreich mit einer Gesamtlänge von ca. 38 km (Tal- und Bergstation und Stützen) komplett im Permafrostbereich (etwa ab 2500 m). Auch der Sonnblick, welcher ein 3106 m hoher, vergletscherter Berg des Alpenhauptkamms in der Goldberggruppe ist, war betroffen, da der Gipfel drohte abzustürzen. Denn die Gipfelregion begann zu tauen und die Felsen verloren damit an Halt. Um das meteorologische Observatorium und die alpine Schutzhütte Zittelhaus zu retten, wurden zwischen sechs und zehn Meter lange Stahlanker in den Felsen geschraubt[40].[1]Durch Setzungserscheinungen im Untergrund sind nicht nur Schutzhütten den Schäden vermehrt ausgesetzt sondern auch Bergrestaurants[41]. Diese Einrichtungen bilden die infrastruktruelle Basis für den Sommer- Bergtourismus und den Wintertourismus. Durch diverse Veränderungen könnte dies auch negative ökonomische Folgen mit sich bringen.

4. Glaziales Schmelzwasser

4. 1 Weltweites Süßwasservorkommen von Gletschern

Wasser ist die Voraussetzung für die Entstehung des Lebens auf unserem Planeten. Etwa dreiviertel der Erde sind von Wassermassen bedeckt. „Das Gesamtwasservolumen der Erde beträgt derzeit knapp 1,4 Mrd. km^3“[42]. Jedoch sind nur 2,5 % des globalen Wassers Frischwasser und 69 % davon befinden sich im festen Aggregatszustand. Die Speicherorte sind Gletscher, Polkappen und Permafrostböden. Sie machen 1,766 % am Gesamtwasser aus und sind die größten Süßwasserspeicher[42]. Das bedeutet dass lebensnotwendige verfügbare Süßwasserreservoirs größtenteils nicht nutzbar sind. Nur 0,3 % des Frischwassers sind in Seen und Flüssen für den Menschen als Trinkwasser zugänglich. Gletscher sind aber besonders in den Sommermonaten, wenn sie abschmelzen, eine beständige Trinkwasserquelle und ein bedeutender Wasserzulieferer für Flusssysteme[43]. Der Begriff „Gletscherspende“ bezeichnet eine bestimmte Wassermenge, die ein Gletscher beim Abschmelzen zusätzlich zum Niederschlag dem Abfluss beisteuert. Das außerdem hinzukommende Wasser ist in besonders

---

[40] vgl. https://www.bmwfw.gv.at/Tourismus/TourismusstudienUndPublikationen/Documents/HP-Version%20Klimawandel%20u.%20Tourismus%202030%20LF.pdf
[41] vgl. Krainer, K., 2007, S. 2
[42] Büttner, Dimpfl, Eckert-Schweins, Raczkowsky, 2017, S. 102

trockenen Klimazonen der Erde von ansehnlicher Bedeutung, da das Schmelzwasser in ariden Sommermonaten geliefert wird. Allerdings wird dieses Ereignis in Gebirgen wie den Alpen nicht bewusst geschätzt. Auch im Gebiet der Hohen Tauern wurde die Gletscherspende auf die Wasserführung für vergletscherte Pegelstandorte vor den Gletscherzungen des Goldbergkees mit Zahlen belegt. Im 5,9 km^2 großen Einzugsgebiet des Goldbergkees „betrug die Vergletscherung im späten 19. Jahrhundert noch 45 %, ist aber bis Ende des 20. Jahrhundert auf 29 % zurückgegangen"[44].[1]In den Jahren der 1930er bis 1940er betrug die Gletscherspende 11,5 % und erreichte somit ihr Maximum. Durch den starken Rückgang der Gletscherflächen im aktuellen Zeitraum reduzierte sich der Rückgang der Gletscherspende auf 10 %. Der Norden der Hohen Tauern wird von einem 242,2 km^2 großen Einzugsgebiet bedeckt. In den letzten 135 Jahren trug die Gletscherspende „einen maximal 1,7- prozentigen Zuschuss zum Gesamtniederschlag"[44] bei. Der Grund dafür ist, dass die Vergletscherung in den Zentralalpen Ende des 20. Jahrhunderts nur 2,9 % betrug und in den Jahren vor 1980 negative Gletscherspenden aufwies, also zu einer Verminderung des Abflusses sorgte. Resultierend kann man sagen, dass nur sehr hohe vergletscherte kleine Einzugsgebiete in den Hochalpen nennenswerte Anteile der Gletscherspende am Abfluss bringen[45].

4. 1. 1 Wichtigkeit für die Bevölkerung und Landwirtschaft

Doch das Wasser hat eine umso wichtigere Bedeutung für den Menschen. Nicht nur auf das zum Überleben notwendige Trinkwasser ist der Mensch angewiesen sondern er verbraucht auch große Mengen im Haushalt, im Gewerbe und in der Industrie. Das Wasser ist somit eine „Lebensgrundlage, ökologischer und letztendlich auch kultureller Stabilisator (...)"[46]. Doch in vielen globalisierten Ländern ist das tägliche Wasser unvorstellbar und selbstverständlich. Der Weltwasserverbrauch hat sich im Zeitraum von 1930 bis 2010 mehr als versechsfacht. „Gründe hierfür sind die Verdreifachung der Weltbevölkerung und die Verdopplung des durchschnittlichen Wasserverbrauchs pro Kopf"[47]. Hinzu kommen die kontinuierlich steigenden Prozesse der Globalisierung, die den Wasserverbrauch durch ökonomische Expansionen und verbrauchsintensivere Lebensstile eminent erhöhen. Diese Faktoren tragen in Ländern mit Entwicklungsdefiziten zu einer Wasserknappheit und einem Wassermangel bei. Allerdings hängt Knappheit auch von anthropogenen Einflüssen wie Wasserverbrauch und Bevölkerungswachstum ab. Futuristisch gesehen kann dies krisenauslösend und –verstärkend

[43] vgl. http://www.gletscher-info.de/wissenschaft/suesswasserreservoir.html
[44] Auer, I., Böhm, R., 2010, S. 50
[45] vgl. Auer, I., Böhm, R., 2010, S. 50f
[46] Büttner, Dimpfl, Eckert-Schweins, Raczkowsky, 2017, S. 101

zu einer politischen und gesellschaftlichen Destabilisierung führen. Die Abbildung zeigt die weltweite Verfügbarkeit von Wasser und deren Nutzungsgrad.

Abbildung 4

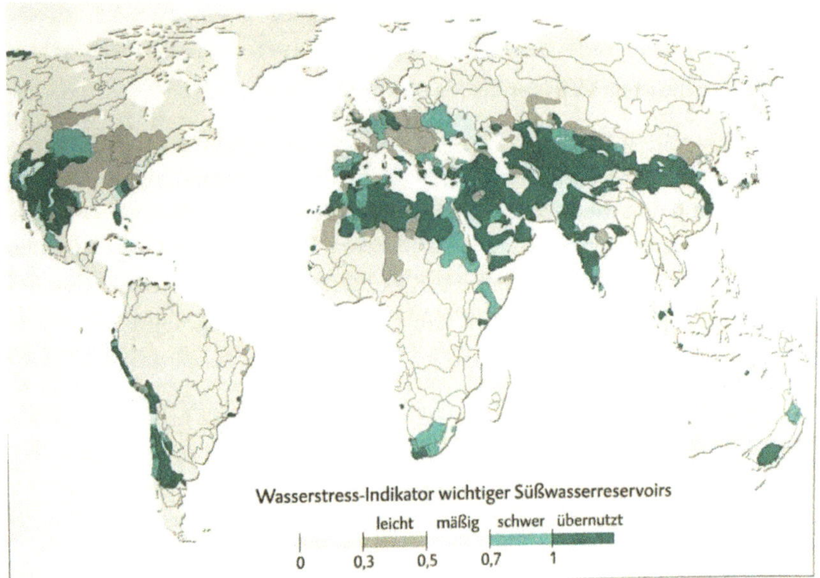

Auch die Verteilung des Wasserverbrauchs in den einzelnen Wirtschaftssektoren kann weitläufig zu Nutzungskonflikten führen. Besonders augenscheinlich ist die Landwirtschaft, die rund 69 % des Wassers „verbraucht"[48]. [1] Denn Wasser ist ein ausschlaggebender Produktionsfaktor im Agrarwesen. Sowohl bei der Produktion von Biomasse als auch bei der Tränkung der Tiere in der Viehwirtschaft werden große Mengen an Süßwasser verbraucht[49]. Das Wasser, das in Produkten enthalten ist oder zu Herstellung verwendet wird, bezeichnet man als virtuelles Wasser[50]. „Die Landwirtschaft ist vom Klima und von den natürlichen Gegebenheiten abhängig"[49]. Sobald sich die klimatischen Verhältnisse ändern schwankt die Intensität der Niederschläge. Wenn sich der Bedarf der Agrarprodukte und die Niederschlagsmenge während der Vegetationsperiode nicht mehr die Waage halten, hat dies immense Auswirkungen auf die Erträge und Qualitätszustände der Produkte.

---

[47] Büttner, Dimpfl, Eckert-Schweins, Raczkowsky, 2017, S. 106
[48] vgl. Büttner, Dimpfl, Eckert-Schweins, Raczkowsky, 2017, S. 105f
[49] vgl. http://www.copa-cogeca.be/Download.ashx?ID=836605
[50] vgl. https://www.virtuelles-wasser.de/was-ist-virtuelles-wasser/

Die benötigte Wassermenge hängt auch von den Bodenbedingungen, der Art des Produkts und der Temperatur ab. Das Maximum des Wasserverbrauchs liegt in den Sommermonaten, wenn auch am wenigsten zur Verfügung steht[51].[1]Besonders in Österreich spielt die Landwirtschaft noch eine wichtige Rolle. Denn rund 3,5 % aller Österreicher sind in diesem sektoralen Bereich tätig. 53 % der Landfläche wird für den Anbau von Getreide, Milch, Gemüse, Obst, Kartoffeln, Wein und Eiern genutzt, wobei 20 % davon auf biologische Landwirtschaft beruhen. Auch „7,5 % der österreichischen Exporte sind auf Landwirtschaft Produkte zurückzuführen"[52] was einem Umsatz von 10 Mill. Euro ausmacht. Zu den ältesten Wirtschaftssystemen in den europäischen Alpenländern zählt die Almwirtschaft. Auf mehr als 25 % Salzburger Landesfläche werden 1800 Almen aktiv kultiviert, die Hälfte im Pinzgau. Allerdings sind 80 % der Almen Privateigentum und steuern mit hochwertigen Lebensmitteln gewichtig zum Gesamteinkommen der Bauern bei. Sie sind somit ein wichtiger Bestandteil des landwirtschaftlichen Betriebs im Tal. Almen tragen nicht nur durch ihre extensive Bewirtschaftung zu einem ökonomischen Wachstum bei sondern bieten auch eine artenreiche, strukturierte Bio Diversität. Ebenso übernehmen diese Kulturlandschaften auch sozioökonomische Funktionen wie Bräuche und Traditionen[53].

4. 1. 2 Maßnahmen zum Schutz

Da die Landwirtschaft einen wichtigen Teil des Wasserverbrauchs einnimmt, ist es umso wichtiger Lösungen zur Sicherstellung der Wasserversorgung umzusetzen. Zwei Lösungsansätze sind verbesserte Speichertechniken und die Reduzierung des Wasserbedarfs. Als Wassersparmaßnahmen werden das Sammeln von Regenwasser und dessen Wiederverwendung, optimale Aussaattermine die sich an die Temperatur- und Niederschlagsvariabilität anpassen sowie Pflanzenarten, die mit den neuen Wetterbedingungen zurecht kommen gezählt. Leistungsverbesserung und Modernisierung von Bewässerungssystemen durch spezielle Wartungen helfen wassereffizienter zu wirtschaften. Denn eine optimal geplante Bewässerung erzielt eine verbesserte Erntequalität und bietet dem Verbraucher einfach verfügbare Produkte. Aber weitere Anpassungsstrategien sind auch in Zukunft wichtig im Hinblick auf die Anfälligkeit der Wasservorräte für den Klimawandel[54].

Da die Landwirtschaft und auch einige Gebiete von glazialem Schmelzwasser versorgt werden,

---

[51] vgl. http://www.copa-cogeca.be/Download.ashx?ID=836605
[52] https://www.hallo-austria.at/deutsch/wirtschaft/landwirtschaft
[53] vgl. https://www.almwirtschaft.com/Almwirtschaft-Salzburg/almwirtschaft-in-salzburg.html
[54] vgl. http://www.copa-cogeca.be/Download.ashx?=836605

gibt es auch kurzfristige Schutzmaßnahmen, die am Gletscher selbst unternommen werden. Diese werden in den Sommermonaten mit Schutzfolien abgedeckt, da diese Monate entscheidend sind für den Eiszuwachs oder den Verlust. Diese praktizierte Maßnahme ist aber sehr aufwendig, kostenintensiv und nicht flächendeckend anwendbar[55].[1]

4. 2 Profit der Energiewirtschaft vom Schmelzwasser

Doch Wasser kann auch als Produktionsfaktor genutzt werden. In Europa spielte die Wasserkraft eine herausragende Rolle, da wichtige Gewerbezentren in Gebieten von Wasserkraft Mühlen und Hammerwerken gegründet wurden. Heut zutage aber wandelt die sogenannte Hydroenergie die Bewegungsenergie des Wassers in elektrische Energie um. Durch die erneuerbare Energieform werden weltweit „knapp 18 % des elektrischen Stroms in Wasserkraftwerken erzeugt, mehr als durch die in Betrieb befindlichen 500 Kernkraftwerke"[56]. Auch in Österreich stammt über die Hälfte der gesamten Stromproduktion ausschließlich von Wasserkraft (Stand 2013). Trotz der hohen Investitionskosten für den Bau können die Kosten rasch durch die zur Verfügung stehende Ressource Wasser abgeglichen werden da diese Kraftwerke auch einen hohen Wirkungsgrad erzielen und „mehr als 90 % der nutzbaren Hydroenergie in elektrische Energie umwandeln"[55]. Ebenso kann man durch die lange Lebensdauer über mehrere Jahrzehnte hinweg hohe ökonomische Erträge erlangen. So investierte auch die österreichische Energiewirtschaft 1630 Mill. Euro in erneuerbare Stromversorgungen. Die derzeit geplanten Kraftwerkprojekte haben eine Gesamtkapazität von 10500 MV. Davon entfallen 5500 MV auf Lauf- und Speicherkraftwerke[57]. Während bei Speicherkraftwerken die Strömung eines Flusses zur Erzeugnis von Strom genutzt wird wandeln Speicherkraftwerke Wasser welches in Staubecken oder Seen gestaut wird in Energie um. Diese erneuerbare Energieform erzeugt zwar keine klimarelevanten Treibhausgase, aber es werden große Flächen der Landschaft für Anlagen von Stauseen und Wehranlagen benötigt, so wie Eingriffe in das Ökosystem der Flüsse vernommen[55].

4. 2. 1 Kraftwerk Kaprun

Von den allein 49 Speicherkraftwerken in Österreich zählt auch die Hauptstufe in Kaprun zu den leistungsfähigsten. Das Kraftwerk umfasst eine Gruppe von Wasserkraftwerken der Gemeinde Kaprun. Das Wasser, das zur Stromerzeugung genutzt wird ist größtenteils Schmelzwasser des Pasterzengletschers des Großglockners. Sie besteht aus der Oberstufe, der

---

[55]vgl. http://www.gletscher-info/wissenschaft/zukunft-der-gletscher.html
[56]Büttner, Dimpfl, Eckert-Schweins, Raczkowsky, 2017, S. 110
[57] vgl. https://oesterreichsenergie.at/daten-fakten-zu-investieren-der-e-wirtschaft.html

Hauptstufe und dem Kraftwerk Klammsee mit seinem gleichnamigen Stausee. Die Hauptstufe wurde 1952 errichtet und bringt eine Leistung von 260 MV auf. Ihre Jahreserzeugung beträgt somit 549.455 MKh [58]. Mit einer Auslastung von 26 % schafft es das Elektrizitätswerk auf den Rang 13 aller Speicherkraftwerke[59]. [1] Heute bilden die Kraftwerke zusammen mit dem Nationalpark Hohe Tauern in der Region Pinzgau den wichtigen Bestandteil des Tourismusmarketing und tragen auch zur naturräumlichen Erhaltung des hochalpinen Raumes bei [60].

5. Resümee

Zusammenfassend ist festzustellen, dass sowohl das Gletschereis als auch das Permafrosteis rasch auf Klimaänderungen reagieren. So zeigten auch die festgestellten Beobachtungen, dass im Zusammenhang mit der Erwärmung der Permafrostböden als Folge der Klimaerwärmung zunehmend die Steinschlag- und Felssturzaktivität sowie Setzungserscheinungen an Seilbahnen und anderen Bauwerken zurückführen ließen[61]. Auch zeigte sich, dass unterschiedliche Veränderungen entlang des Routen- und Wegenetzes festzustellen sind. „Das gilt sowohl für Naturgefahrenpotentiale als auch für die Begehbarkeit eines Geländes"[62]. Da über die Verbreitung des Permafrost in Österreich wenig bekannt ist, kann man zusammenhängend mit zukünftigen Veränderungen keine Prognose für eintretende Naturgefahren erstellen. Ebenso ist es wichtig die selbstverständliche Ressource Wasser bewusst und maßvoll zu gebrauchen und ihren Wert zu schätzen. Denn nur durch ein bewusstes Denken und Handeln kann in Zukunft eine ökologische, wirtschaftliche und politische Stabilität gewährleistet werden.

---

[58] vgl. http://www.verbund.com/de-at/ueber-verbund/kraftwerke/unsere-kraftwerke/kaprun-hauptstufe
[59] vgl. https://de.wikipedia.org/wiki/Liste_österreichischer_Kraftwerke
[60] vgl. https://de.wikipedia.org/wiki/Kraftwerk_Kaprun#Hauptstufe
[61] vgl. Krainer, K., 2007, S. 1
[62] Braun, F., 2009, S.37

Literaturverzeichnis:

Printquellen:

- Auer, I., Böhm, R., Zwei Alpentäler im Klimawandel, Innsbruck, 2010
- Braun, F., Sommer-Bergtourismus im Klimawandel: Szenarien und Handlungsbedarf am Beispiel des hochalpinen Wegenetzes, Wien, 2009
- Büttner, Dimpfl, Eckert-Schweins, Raczkowsky, Geographie Abitur-Training, Stark Verlag GmbH, 2017
- Fischer, A., Bergauf: Gletscherbericht des ÖAV, 2015/2016
- French, H. M., The Periglacial Environment, 2nd Ed., Essex, 1996
- Goethe, J. W. von, Wilhelm Meisters Wanderjahre II, 9, o. J., Quedlinburg
- Haeberli, W., Maisch, M., Klimawandel im Hochgebirge in: Endlicher W. und Gerstengarbe W (Hrg. 2007): Klimawandel- Rückblicke, Einblicke und Ausblicke, o. O., 2007
- Krainer, K., Permafrost und Naturgefahren in Österreich, in: Online-Fachzeitschriften des Bundesministeriums für Land- und Forstwirtschaft, Umwelt und Wasserwirtschaft Jahrgang 2007, Innsbruck, 2007
- Lieb, G. K., Beiträge zur Permafrostforschung Bd. 33, Graz, 1996
- Lieb, G. K., Slupezky, H., Gletscherweg Pasterze- Naturkundlicher Führer zum Nationalpark Hohe Tauern, Bd. 2, Innsbruck, 2004
- Wolfgang, A., Gletscher auf dem Rückzug: Gletscherbericht des ÖAV 2010/2011

Internetquellen:

- Anzengruber, W., Investitionen der E-Wirtschaft, Internteseite: http://oesterreichsenergie.at/daten-fakten-zu-investieren-der-e-wirtschaft.html, o.D., zuletzt aufgerufen am 31. 10. 2017 um 11:46 Uhr

- Fleischhader, V., Klimawandel und Tourismus in Österreich 2030- Auswirkungen, Chancen & Risiken, Optionen und Strategien, Tulln an der Donau, 2012, Internetseite: https://www.bmwfw.gv.at/Tourismus/TourismusstudienUndPublikationen/Documents /HP- Version%20Klimawandel%20u.%20Tourismus%202030%20LF.pdf zuletzt aufgerufen am 29. 10. 2017 um 13:32 Uhr

- Iwanski, M., Gletscher-das-größte Süßwasser-Reservoir, o. D., Internetseite: http://www.gletscher-info.de/wissenschaft/suesswasserreservoir.html, zuletzt aufgerufen am 22. 10. 2017 um 18: 34 Uhr

- Iwanski, M., Zukunft der Gletscher, o. D., Internetseite: http://www.gletscher-info.de/wissenschaft/zukunft-der-gletscher.html, zuletzt aufgerufen am 31. 10. 2017 um 14:12 Uhr

- Steiner, M., Landwirtschaft, o. D., Internetseite: http://www.hallo-austria.at/deutsch/wirtschaft/landwirtschaft, zuletzt aufgerufen am 31. 10. 2017 um 12: 45 Uhr

- Springer, C., Berechnungen von Zukunftsszenarien für Gletschermassenbilanzen, Wien, 2009, Internetseite: http://othes.univie.ac.at/8637/1/2010-02-26_0301845.pdf, zuletzt aufgerufen am 29. 20. 2017 um 20:29 Uhr

- Sulzer, W., Lieb, G. K., Die Gletscher im Wandel der Zeit- Gletschermonitoring am Beispiel der Pasterze, 2009, Internetseite: http://geo.tuwien.ac.at/fileadmin/editors/VGI/VGI_200954_Sulzer.pdf, zuletzt aufgerufen am 30. 10. 2017 um 20: 34 Uhr

- Wolfgang, A., Gletscher auf dem Rückzug: Gletscherbericht des ÖAV 2010/2011

Internetquellen ohne Autorangabe:

- Almwirtschaft in Salzburg, o. D., http://www.almwirtschaft.com/Almwirtschaft-Salzburg/almwirtschaft-in-salzburg.html, zuletzt aufgerufen am 31. 10. 2017 um 15: 21 Uhr

- Bundesministerium für Land- und Forstwirtschaft, Umwelt und Wasserwirtschaft, Wien, 2017, Internetseite: http://bmlfuw.gv.at/wasser/wasser-oesterreich/wasserkreislauf/hydrograph_vharakt_extrema/20140801hwbericht.html, zuletzt aufgerufen am 25. 10. 2017 um 16:47 Uhr

- Bund für Umwelt und Naturschutz Deutschland (Bund) Landesverband Baden-Württemberg e. V, Durstige Güter, o. D., Internetseite: http://www.virtuelles-wasser.de/was-ist-virtuelles-wasser/

- Hohe Tauern, o. D., Internetseite: http://www.hohetauern.at/de/, zuletzt aufgerufen am 31. 10. 2017 um 11: 50 Uhr

- Kraftwerk Kaprun, o. D., Internetseite:
  http://de.wikipedia.org/wiki/Kraftwerk_Kaprun#Haupstufe, zuletzt aufgerufen am 1.
  12. 2017 um 12:31 Uhr
- Liste österreichischer Kraftwerke, o. D., Internetseite:
  http://de.wikipedia.org/wiki/Liste_österreichischer_Kraftwerke, zuletzt aufgerufen
  am 31. 10. 2017 um 13: 34 Uhr
- Speicherkraftwerk Kaprun Hauptstufe, o. D., Internetseite:
  http://www.verbund.com/de-at/ueber-verbund/kraftwerkr/unsere-kraftwerke/kaprun-
  hauptstufe, zuletzt aufgerufen am 31. 10. 2017 um 11:49 Uhr
- Wasser, Landwirtschaft und Klimawandel, in: Dokumentenreihe von Copa- Cogeca
  zum Klimawandel, o. D., Internetseite: http://www.copa-
  cogeca.be/Download.ashx?ID=836605, zuletzt aufgerufen am 30. 10. 2017 um 19:59
  Uhr

Weiterer Quellen:

- Informationsschild: Schutzprojekt Obersulzbach 2014, Neukirchen am Großvenediger
- Berichte von Anwohnern in der Marktgemeinde Neukirchen am Großvenediger

Abbildungsverzeichnis:

- **Abbildung 1:** Auer, I., Böhm, R., Zwei Alpentäler im Klimawandel, Innsbruck, 2010,
  S.39
- **Abbildung 2:** Springer, C., Berechnungen von Zukunftsszenarien für
  Gletschermassenbilanzen, Wien, 2009, S. 35
  Internetseite: http://othes.univie.ac.at/8637/1/2010-02-26_0301845.pdf, zuletzt
  aufgerufen am 29. 20. 2017 um 20:29 Uhr
- **Abbildung 3:** Braun, F., Sommer-Bergtourismus im Klimawandel: Szenarien und
  Handlungsbedarf am Beispiel des hochalpinen Wegenetzes, Wien,
  2009, S. 22
- **Abbildung 4:** Büttner, Dimpfl, Eckert-Schweins, Raczkowsky, Geographie Abitur-
  Training, Stark Verlag GmbH, 2017, S. 105